欧式风格

EUROPEAN STYLE
HOME DESIGN AND SOFT DECORATION

家居设计与软装搭配

李江军 编

中国电力出版社
www.cepp.sgcc.com.cn

内容提要

本书图文并茂地解析了简欧风格、欧式古典风格、新古典风格、法式风格、英伦风格的风格特点、软装特点和配色特点，再通过大量案例展现了欧式风格在家居设计中的应用。内容新颖，案例丰富，既注重不同风格家居的硬装设计细节，同时也指导读者如何利用软装创造出符合美学的空间环境。

图书在版编目（CIP）数据

欧式风格家居设计与软装搭配 / 李江军编. -- 北京：中国电力出版社，2017.1
ISBN 978-7-5198-0145-8

Ⅰ.①欧… Ⅱ.①李… Ⅲ.①住宅－室内装饰设计Ⅳ.①TU241

中国版本图书馆CIP数据核字(2016)第296378号

中国电力出版社出版发行

北京市东城区北京站西街19号　　100005　　http://www.cepp.sgcc.com.cn
责任编辑：曹　巍　　责任印制：郭华清　　责任校对：太兴华
北京盛通印刷股份有限公司印刷·各地新华书店经售
2017年1月第1版·第1次印刷
787mm×1092mm 1/12·15印张·312千字
定价：58.00元

P 前言
Preface

在设计越来越被重视和发展的今天，越来越多的风格被发展出来，每一种风格都有各自的特点和适合的人群。对于业主来说，了解和选择家居设计风格是开启新家装修的第一步，只有翻阅和学习不同风格类型的装修案例，才能启发灵感，找到自己心中描绘的新家蓝图；对于设计师来说，寻找适合的设计风格是和业主进行深度交流的开始，只有充分了解业主所喜欢的装修风格特点，才能进行材料选择、色彩搭配以及设计造型等下一步工作。

在诸多家居风格中，简约风格是将设计的元素、色彩、照明、材料简化到最少，在结合和造型的应用上也都以简单实用为主，是目前最受欢迎的经典居家风格；欧式风格注重居家品位，其关键点是细节上的用心精致，让奢华从细枝末节中自然流露，完美诠释轻奢风尚。

本书编委会精选了国内顶尖人气设计师的海量最新家居案例，把这些平时轻易不公开的珍贵设计资料分门别类，方便读者检索查找。丛书分为两册，其中《简约风格家居设计与软装搭配》图文并茂地解析了北欧风格、港式简约风格、现代简约风格、现代时尚风格的风格特点、软装特点和配色特点，再通过大量案例展现了简约风格在家居设计中的应用；《欧式风格家居设计与软装搭配》图文并茂地解析了简欧风格、欧式古典风格、新古典风格、法式风格、英伦风格的风格特点、软装特点和配色特点，再通过大量案例展现了欧式风格在家居设计中的应用。

本套丛书内容新颖，案例丰富，既注重不同风格家居的硬装设计细节，同时也指导读者如何利用软装创造出符合美学的空间环境，不仅是每位室内设计工作者的案头书，对装修业主选择适合自己的装修风格也具有同样重要的参考和借鉴价值。

C目录
Contents

欧式家居软装风格解析

欧式风格泛指欧洲特有的风格，整体感觉偏向浪漫主义。整个风格充满豪华、富丽、强烈的动感。欧式风格以白色为主，主题鲜明，亮丽鲜艳是其主要风格特点。根据时期的不同常被分为古典风格（古罗马风格、古希腊风格）、文艺复兴风格、巴洛克风格、新古典主义风格、洛可可风格等。根据地域文化的不同则有地中海风格、法国巴洛克风格、英国巴洛克风格、北欧风格等。在国内大众接受程度比较高的有简欧风格、欧式古典风格、新古典风格、法式风格、英伦风格。

简欧风格

↘ 风格特点

简欧风格其实是简化了的欧式主义风格，更多地表现为实用性和多元化。纯正的古典欧式风格适用于大空间，在中等或较小的空间里则容易造成一种压抑的感觉，于是便有了简欧风格。简欧风格一方面传承了古典欧式风格的优点，保留了材质、色彩的大致风格，彰显出欧洲传统的历史痕迹和文化底蕴；另一方面又摒弃了古典风格过于繁复的装饰和肌理，在现代风格的基础上进行线条简化，追求简洁大方之美，致力于塑造典雅而又不失华美的家居格调。

↘ 配色特点

简欧风格的底色大多以白色、淡色为主，家具则白色或深色都可以，但是要成系列，风格最好统一。同时，一些布艺的面料和质感很重要，亚麻和帆布的面料不太适合，丝质面料会显得比较高贵。如果说古典欧式风格线条复杂、色彩低沉，那简欧风格则是在古典欧式风格的基础上，以简约的线条代替复杂的花纹，采用了更为明快清新的颜色，既保留了古典欧式的典雅与豪华，又更适应现代生活的休闲与舒适。

↘ 软装特点

家具要选择一些实用性和功能性较强的，但也要适当带有典型的西方复古图案、线条或造型，来搭配简欧风格的整体效果。欧式简约家具设计时多强调立体感，以求在布置简欧风格的空间时，具有空间变化的连续性和形体变化的层次感。

简约欧式的灯具外形简洁，保留了古典欧式灯具的雍容华贵，又增加了简约明快的设计特点。钢制材料灯具和华丽细碎的水晶灯太过繁琐复杂，与整体清新简单的风格不相称，要慎重选择。

铁艺装饰也是简欧风格里一个必不可少的装饰。欧式铁艺楼梯或者欧式铁艺挂钩都能给空间增添欧式风情。优美的线条是简约欧式的必备内容。不建议使用没有花纹、线条不流畅的铁艺制品。

地毯主要是用来美化地面、提升舒适性的装饰，与地面色差不宜太大，最好使用大块欧式地毯进行铺设，否则地面会显得很杂乱。

新古典风格

↘ 风格特点

所谓新古典主义，指的是在古典主义的基础上做简化，去除了古典风格里繁复的雕饰，但古典风格的韵味丝毫没有减弱，同样表达着古典风格所要表达的文化底蕴、历史美感及艺术气息。硬而直的线条配上温婉雅致的软性装饰，将古典美注入简洁实用的现代设计中，使得家居装饰更富有灵性。

常见的壁炉、水晶吊灯、罗马古柱也是新古典风格的点睛之笔。强烈到夸张的色彩、极具戏剧性的照明、前卫的感觉使空间充满了活力，展示了不拘一格的个性。无论是家具还是配饰均以其优雅、唯美的姿态，平和而富有内涵的气韵，描绘出居室主人高雅的性格。

↘ 配色特点

新古典风格的色调主要有两种。一种是以金黄色、象牙白为主，具体到设计中，白色得以大量使用，与大量白色并存的是咖啡色系。这两种颜色在一起，虽然不能像白色和金色那样显得富丽堂皇，但却透着质感和优雅，流露出低调的奢华韵味。另一种是金色、暗红，作为新古典风格常见的点缀色调，这种色调极度厚重和压抑，不适合现代的年轻人。要想打造出欧式新古典的高贵和典雅，色调尽量不要太过鲜艳，色系的搭配也要整体相对和谐，不要有太多对比，而且背景、主题和点缀最好能有层次感。

↘ 软装特点

新古典风格一般会有采用传统木质材质、用金粉描绘各个细节、注重线条的搭配及比例关系这些特点。新古典主义风格的家具样式以直线为基调，不做过密的细部装饰。所有的家具样式精练、简朴，做工讲究，装饰文雅，显得轻盈优美。新古典家具将传统中精华的东西保留了下来，并能够适当地简化成新古典家具中的一个细节、一个轮廓、一个更符合现代审美情趣的抽象化符号。具体到设计里，家具里的沙发、椅子、后背都只有简单的曲线。窗帘也不像以前那么烦琐，只是由帘体和垂幔组成。 不仅能在新古典家具中看到新时代的特点，也能挖掘出更深层次的传统文化内涵。

另外，可以用室内陈设品来增强历史文化特色、烘托室内环境气氛。既包含了古典风格的文化底蕴，也体现了现代流行的时尚元素，是复古与潮流的完美融合。

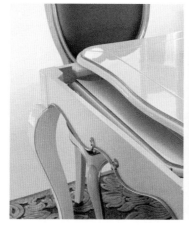 

欧式古典风格

↘ 风格特点

典型的欧式古典风格，以古典的装饰、浓烈的色彩、精美的造型来达到雍容华贵的装修效果。室内的设计与装饰，追求轻盈、精致、繁复、华丽的艺术风格。欧式古典风格在设计时强调空间的独立性，配线的选择要比新古典复杂得多，所以更适合在较大别墅、庭院中运用，而不适合较小户型。从设计手法上说，欧式古典风格中烦琐的细节也带来了难度，由于古典风格形式比较复杂，所以容易将人的注意力引向局部和细节，从而忽略了整体和宏观。因此在设计时，一定要在考虑细节的同时脱离细节，这样才能做出欧洲古典风格那种繁复、堆砌、奢华、大气的贵族气氛。

很多人认为欧式古典风格就应该是金碧辉煌的，有很多装饰的，实际上并非如此。欧式古典风格的精髓，体现在细节处理的手法是经过历史锤炼的经典，所以有一种浓厚的人文气息。如果说简约主义看重的是人在环境中的中心地位，古典主义追求的则是让人融入环境。

↳ 配色特点

欧式古典风格的装修，具有很高的工艺水平。在色彩上，经常以白色系或黄色系为基础，搭配墨绿色、深棕色、金色等，营造出富丽堂皇的效果，表现出欧式古典风格的华贵气质。

↳ 软装特点

欧式古典家具与现代家具对比，它更细致华丽，更具有艺术特色，更加富有装饰感。

制作精良的雕塑或工艺品，都是点缀欧式风格不可或缺的元素。可以在室内将绘画、雕塑、工艺品等集中在装饰和陈设艺术上。

欧式古典风格的灯具，依据款式造型区分，有蜡烛台式吊灯、盾牌式壁灯、带帽式台灯这几种基本典型款式；在材料上选择比较考究的焊锡、铜、铁艺、水晶等，追求一种高贵感。

欧式古典风格装饰中也常用到罗马帘。罗马帘是一种富有浪漫色彩的装饰，其装饰效果非常华丽，可以为家居增添一分高雅古朴之美。

壁炉是西方文化的典型载体。选择欧式古典风格的家装时，可以设计一个真的壁炉，也可以设计一个壁炉造型，辅以灯光，能营造出极具西方情调的生活空间。

法式风格

↘ 风格特点

法式风格装修非常有特点，正如法国是全球的浪漫之国一样，每一个法国人都是浪漫的艺术家，自然居住房屋的装饰也富有浪漫气息。室内装饰的形状、线条都是柔美而有型的造型，色调也具有浓郁和淡雅韵味。布局上突出轴线的对称，细节处理上运用了法式廊柱、雕花、线条，制作工艺精细考究。法式风格往往不追求简单的谐调，而是崇尚冲突之美，在设计上讲求心灵的回归自然之感，给人一种扑面而来的、浓郁的自然气息。开放式的空间结构、随处可见的花卉和绿色植物、雕刻精细的家具等，所有的一切从整体上营造出一种田园的气息。每一处细节，都能体会到主人的用心。

↘ 配色特点

法式家居常用到洗白处理与华丽配色，洗白手法传达法式乡村特有的内敛特质与风情，造旧白的色泽很是干净，简单中不失高雅。配色多以白、金、深色的木色为主调。

↘ 软装特点

法式风格家具的尺寸一般比较纤巧，而且有一定的弧线，特别是小巧的家具脚更是与众不同。材料以樱桃木为佳，有的家具还会使用"法国灰"手绘装饰，和铁艺完美结合也是法式风格家具的特征之一。想要营造良好的居室氛围，最重要的是布艺的应用。比如，窗帘与沙发布艺应在颜色和质感上谐调，同时，如果沙发布艺能与墙面色彩遥相呼应，构成柔和曼妙的色彩对比，再加上合适颜色的家具，整个房间的颜色搭配就能达到既和谐又精彩的效果。一般来说，太和谐容易显得平淡，而精彩过了又容易显得色彩太亮或太重，产生视觉疲劳，所以家具颜色的使用也要适度。

英伦风格

↘ 风格特点

英伦风以自然、雅致、复古、绅士、含蓄、高贵的特点而闻名。英伦风的设计元素颇具特色，主要有底部的砖砌墙、木质的屋顶板、圆顶角楼、多重人字形坡屋顶。建筑外立面材质为暖色系，如砖红色、有木质白色装饰条或者石灰岩细节装饰。坡屋顶、老虎窗、阳光室等建筑语言的运用，充分诠释着英式风格所特有的庄重、古朴。英式风格简洁大方，没有法式风格效果那么突出，但还是免不了在一些细节处做出处理。柜子、床等家具色调比较纯净，多是白色、木本色等经典色彩。

↘ 配色特点

在英伦风格的整体设计与布局中，主要空间用白色来装饰，之外可以多用一些暖色作为辅助色，形成美好的整体视觉感受。在家居搭配的整体色调选择上，多以清浅色为主色调，很少使用深色调。居室中的色彩非常注重对称，能够带给人们温馨浪漫的居家感觉。

↘ 软装特点

英伦风格的家装方面，家具的布置是非常重要的。多选用结构较为简约的、具有一定宫廷气息的家具。早期的英国家具以橡木为主，家具多保留了家具材质本来的特色与色彩，非常自然美观。在布置桌面时，苏格兰格子桌布基本上是必不可少的，这也是英伦家居的一大特色。

田园乡村风格是一般人对英国式家居的印象。英国人特别喜爱碎花、格子等图案，因此，窗帘、布艺、壁纸等都少不了它。格子是英伦风格的特点，清浅柔和的色调，在众多色彩中淡定自然。这种既高贵又典雅的风格如果运用在家居设计中会让这种略带清新、尽显高贵的气质渲染你家中的每个角落。

家居中饰品的搭配多以手工布艺品为主。沙发也多采用布艺的，色泽以浅色调为主。沙发上的表层图形，条格状的居多。抱枕的图形可以采用苏格兰风情的条格状，非常的清新自然。另外，陶瓷也是打造英伦风格必不可少的东西，还有工艺品、相框墙等也是比较出彩的设计。

欧式家居软装案例解析

客厅

欧式客厅顶面安装吊灯

有些欧式装修的客厅顶面会做一些相对复杂的吊顶处理，与整体造型相呼应。想要垂挂大型的吊灯时，最好将其直接固定到楼板层。因为如果吊灯过重，而顶面只有木龙骨和石膏板吊顶，承重会有问题。

简约欧式与古典欧式的吊顶设计

欧式风格装修通常分为简欧与古典欧式两类风格，两者在吊顶造型设计上存在很大的区别。

古典欧式风格吊顶

古典欧式风格的吊顶一般分两到三层来设计，用吊顶的层次感来和华丽的欧式家具或者造型相呼应。比如用双层石膏板勾缝，配合反光灯槽来使客厅的层高有延伸感；或者，在顶面制作石膏板饰花或利用石膏线条在顶面勾勒出对应的造型，也是一种经常使用的装饰手法。

采用石膏浮雕装饰吊顶

双层石膏板吊顶

简约欧式风格吊顶

对于简欧风格的客厅来说，主材线条和造型设计多以简单线条为主，吊顶不宜过于复杂，常用的手法是在普通的直线平面吊顶的边缘增加8厘米左右的欧式线条做装饰。

采用石膏线勾勒顶面

欧式线条装饰吊顶

TIPS

在欧式装修中，石膏阴角线和欧式造型框，也是经常出现的顶面设计元素。特别是在过道或者餐厅局部等空间，这种造型框可以很好地连接不同区域的造型设计。

欧式客厅墙上安装壁灯

客厅如果挑高，空间又较为开阔，可以使用大型吊灯来装饰顶部，会令房间显得富丽堂皇。这种情况下，可以根据设计在客厅墙面的适当位置安装壁灯。沙发墙上的壁灯，不仅有局部照明的效果，同时还能在会客时增加融洽的气氛。电视墙上的壁灯可以调节电视的光线，使画面变得柔和，起到保护视力的作用。

挑高欧式客厅的设计重点

石膏雕花搭配水晶吊灯凸显华丽气质

局部隔断

很多业主考虑是否将挑高客厅进行分隔，这样可以多出一个房间。其实别墅面积一般都很大，房间足够用，如果为了多一个房间的面积，舍去别墅客厅的宽敞、舒适和气派，实在是没有必要。但是可以采用局部隔断的方式，增加客厅的层次感。

顶面造型

挑高的客厅空间大，如果装饰做得少，会显得很空旷，因此顶面可做艺术处理，显示品位。建议业主做一些圆形的艺术吊顶，然后配上一个欧式的多层次的大吊灯。也可以在顶面做一些色彩搭配，或者是石膏雕刻一些简单造型，让顶面更富有层次感。灯光上也需要一些筒灯、射灯等搭配。

墙面设计

挑高空间的墙壁一般都很高，为了不给人造成空旷的感觉，一般会考虑在墙上做很大气的背景装饰。例如，可以在墙上挂大幅的油画，但要和设计风格匹配。此外，也可以选择做一个欧式风格的壁炉，用砖、木、石等自然材料砌成一个主题墙。

欧式风格壁炉装饰墙面

镜面装饰增加欧式奢华氛围

奢华的元素从来不缺镜面装饰，然而镜面的安装是有要求的。如果镜面的面积过大，在施工过程中不宜直接贴在原墙上，因为原墙的面层无法承受镜面的重量，粘贴不牢固，钉在墙面又不美观，所以一般会先在墙面打一层九厘板，再把镜面贴在九厘板上。

微晶石墙砖完美定义轻奢气质

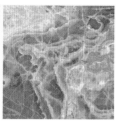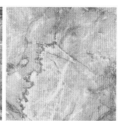

微晶石的表面特点与天然石材极其相似，加之材料形状多为板材，因而将其称作微晶石材，也叫微晶石。根据微晶石的原材料及制作工艺，可以把微晶石为三类：无孔微晶石、通体微晶石和复合微晶石。微晶石与其他瓷砖的最大区别就在于表面多了一层微晶玻璃，以水晶白、米黄、浅灰、白麻四个色系最为流行。

在价格上，微晶石瓷砖的尺寸越大，价格越贵，因为尺寸越大的瓷砖平整度、翘曲度越不好把握，制作工艺越复杂，所以单块800毫米×800毫米的微晶砖价格都不便宜。微晶砖的表面硬度不高，如果有划伤很容易显现，因此不要大面积用于地面。砖缝不建议用普通填缝剂填充，可以采用高档美缝剂，带有珠光效果，与微晶砖整体更协调。

微晶石的图案、风格非常多样，在选择装饰墙面时需要注意和整体家居风格匹配。施工时，铺贴用的瓷砖型号、色号和批次等均要一致。铺贴造型一般以简约的横竖对缝法即可。建议预演铺贴一下，以找到最合适的铺贴方案再施工。

微晶石墙砖通常用于电视背景墙上

微晶石墙砖与欧式风格完美搭配

三类欧式风格家具的特点

欧式风格家具是以欧式古典风格装修为重要的元素，以意大利、法国和西班牙风格的家具为主要代表。讲究手工精细的裁切雕刻，轮廓和转折部分由对称而富有节奏感的曲线或曲面构成，并装饰镀金铜饰，结构简练，线条流畅，色彩富丽，艺术感强，给人一种华贵优雅、庄重的感觉。

意式家具

意式家具将传统制作工艺与当代先进技术手段融于一体，其最显著的特点就是巧妙运用黄金分割，使家具呈现出一种恰到好处的比例关系。

法式家具

法国古典家具的材料基本上为樱桃木，精致的描金花纹图案，加上古典的裂纹白色底漆，完全摒弃了传统欧式家具的严肃压迫感。

西班牙家具

西班牙家具最大的特色在于对雕刻技术的运用。家具中的雕刻装饰深受哥特式建筑的影响，火焰式哥特花格多以浮雕形式出现在家具的各个细节上。

欧式罗马柱的运用

罗马柱是由柱和檐构成的，柱可分为柱础、柱身、柱头三部分，由于各部分尺寸、比例、形状的不同，加上柱身处理和装饰花纹的各异，而形成各不相同的柱子样式，主要有多立克式、爱奥尼克式、科林斯式、罗马式等。欧式罗马柱适合简洁大方的装饰风格，而带有雕塑、雕像等繁复的罗马柱则适用于比较豪华壮丽的装修风格。

欧式家具布艺的设计特点

布艺家具质感柔和，且具有可清洗更换的特点，无论居家装饰还是清洁维护都十分方便并富有变化，因此深受人们的喜爱。在进行整体软装设计时，家具布艺一定是重中之重，因为它决定着整体风格和格调。

运用布艺装饰家具时，布艺的色彩、花色图案主要遵从室内硬装和墙面色彩，以温馨舒适为主要原则：淡粉、粉绿等雅致的碎花布料比较适合浅色调的家具；墨绿、深蓝等色彩的布料对于深色调的家具是最佳选择。

浅色调家具布艺

深色调家具布艺

欧式风格家具布艺

大马士革图案是欧式风格家具布艺的最经典纹饰，采用佩斯利图案和欧式卷草纹进行装饰同样能达到豪华富丽的效果。

法式新古典风格家具布艺

法式新古典风格家具布艺常以灰绿色搭配金色或银色的点缀，以展现贵族般的华贵气质。

欧式风格家具布艺

法式新古典风格家具布艺

欧式客厅铺贴写意花纹的大理石

天然大理石纹理自然，抛光后手感好，施工的时候要注意铺贴方向和纹路对齐。家庭使用尤其要注意的是，每块天然大理石都会有花纹差异，需要精心选择。现在市面上许多仿石材样式的瓷砖，有统一的规格和厚度，造价也比真的石材便宜不少，喜欢石材质感的人也可以选择这些仿石材瓷砖，相似度几乎可以以假乱真。

欧式风格客厅铺设地毯

地毯是家居装饰必不可少的元素之一，它可以丰富家居装饰的层次、分隔空间，每一种颜色的地毯都给人一种不一样的内涵和感受。一般来说，只要是空间已有的颜色，都可以作为地毯颜色，但还是应该尽量选择空间使用面积最大、最抢眼的颜色，这样搭配起来比较保险。如果茶几和沙发都是中规中矩的形状，可以选择矩形地毯；如果沙发有一定弧度，同时茶几也是圆的，地毯就可以考虑选择圆形的；如果家中的沙发或茶几款式是异形的，也可以要求厂家定做，不过价格会相对较高。

地毯的大小根据居室空间大小和装饰效果而定，比如在客厅中，客厅面积越大，一般要求沙发的组合面积也就越大，所搭配的地毯尺寸也应该越大。故地毯的尺寸要与户型、空间的大小、沙发的大小相匹配。欧式风格客厅的地毯多以大马士革纹、佩斯利纹、欧式卷叶、动物、建筑、风景等图案构成立体感强、线条流畅、节奏轻快、质地淳厚的画面，非常适合与欧式家具相配套，还能打造欧式家居独特的温馨意境和不凡效果。

欧式客厅铺设地毯增加温馨氛围

地毯色彩要与家具相搭配

门套和踢脚的颜色要统一

在专门卖木门的店里，一般门套和木门的颜色都是统一的，踢脚线最好也跟门套的颜色一样，这样整个空间才比较统一和有延展性。踢脚线在卖木门的店里买的话，通常价格会稍贵一些，但是能跟门套的颜色达到绝对的统一。也可以选择在卖地板的店里买踢脚线，价格会稍便宜点，但如果是特殊的颜色，会跟门套有色差。

踢脚线的高度也要根据风格的不同进行高低调整，一般简约风格的踢脚线高度为 8 ～ 10 厘米，而欧式或新古典风格的踢脚线为 12 ～ 18 厘米，具体尺寸还应根据房屋的高度酌情考虑。

欧式风格吊灯搭配艺术

吊灯分单头吊灯和多头吊灯，前者多用于卧室、餐厅，后者宜用在客厅、酒店大堂等，也有些空间采用单头吊灯自由组合成吊灯组。不同吊灯在安装时离地面高度要求是各不相同的，一般情况下，单头吊灯在安装时要求离地面高度要保持在 2.2 米；多头吊灯离地面的高度要求一般至少要保持在 2.2 米，即比单头吊灯离地面的高度还要高一些，这样才能保证整个家居装饰的舒适与协调性。

烛台吊灯

烛台吊灯的灵感来自欧洲古典的烛台照明方式，那时都是在悬挂的铁艺上放置数根蜡烛。如今很多吊灯设计成这种款式，只不过将蜡烛改成了灯泡，但灯泡和灯座还是蜡烛和烛台的样子，这类吊灯一般适合于欧式风格的装修，才能凸显庄重与奢华感，不适合应用于现代简约风格的家居。

水晶吊灯

水晶吊灯是吊灯中应用最广的，在风格上包括欧式水晶吊灯、现代水晶吊灯两种类型，因此在选择水晶吊灯时，除了对水晶材质的挑选之外，还得考虑其风格是否能与家居整体相谐调搭配。

水晶灯的直径大小由所要安装的空间大小来决定，面积在 20 ~ 30 平方米的房间中，不适宜安装直径大于 1 米的水晶灯。如果房间过小，安装大水晶灯会影响整体的协调性；层高过低的房间也不宜安装高度太高的水晶灯。安装在客厅时，下方要留有 2 米左右的空间，安装在餐厅时，下方要留出 1.8 ~ 1.9 米的空间，可以根据实际情况选择购买相应高度的灯饰。

铜灯

铜灯是指以铜作为主要材料的灯饰，包含紫铜和黄铜两种材质，铜灯的流行主要是因为其具有质感、美观的特点，而且一盏优质的铜灯是具有收藏价值的。目前具有欧美文化特色的欧式铜灯是市场的主导派系。早期的欧式铜灯的设计是从模仿当时的欧式建筑开始的，将建筑上的装饰特点搬移到灯饰上，这样形成了欧式铜灯的雏形。欧式铜灯非常注重灯饰的线条设计和细节处理，比如点缀用的小图案、花纹等，都非常的讲究。

地砖拼花代替地毯的功能

可以考虑在客厅沙发前的地面上用花砖铺设一个方块造型，用来替代地毯。这种做法既具美观效果，又省去日常清理织物的麻烦。但要注意这种工艺需要合理把握方块的大小，一般长度以不超过主沙发，宽度以长度的 1/2 为宜。

客厅灯光运用准则

客厅是家居空间中活动率最高的场所，灯光照明需要满足聊天、会客、阅读、看电视等功能。一般而言，客厅的照明配置会运用主照明和辅助照明的灯光相互搭配，来营造空间的氛围。

客厅灯具一般以吊灯或吸顶灯作为主灯，搭配其他多种辅助灯饰，如壁灯、筒灯、射灯等，此外，还可采用落地灯与台灯做局部照明，也能兼顾到有看书习惯的业主，满足其阅读亮度的需求。

沙发墙照明

考虑到家人常常是在沙发上消遣娱乐的，所以沙发墙的灯光就不能只是为了突出墙面上出彩的装饰设计，也要考虑坐在沙发上的人的主观感受。太强烈的光线会让人觉得不舒服，容易对人造成眩光与阴影。建议摒弃炫目的射灯，安装装饰性的冷光源灯，如果确实需要射灯来营造气氛，则要注意避免直射到沙发上。

沙发区域的筒灯照明

利用台灯作为沙发区域的照明

电视墙照明

在电视机后方可设置暗藏式的背光照明或利用射灯投射到电视机后方的光线，来减轻视觉的明暗对比，缓解眼睛对电视的过度集中产生的疲劳感。

利用隐藏灯槽作为电视墙照明

饰品照明

挂画、盆景、艺术品等饰品可采用具有聚光效果的射灯进行重点照明，以加强空间明暗的光影效果，突出业主的个人品位和空间个性。

利用射灯进行饰品照明

利用烛台进行饰品照明

仿古砖地面选择填缝剂

客厅地面选用仿古砖铺贴，留缝一般都在 3 毫米左右才会比较有效果，填缝剂也不能按照常规做法只选择白色的，其实有很多颜色可以选择。需要注意的是，像仿古砖这类留缝比较大的尽量不要选择纯白色的填缝剂，一旦脏了就会影响美观。

欧式风格客厅窗帘搭配

欧式风格窗帘的材质有很多的选择，如镶嵌金、银丝、水钻、珠光的华丽织锦、绣面、丝缎、薄纱、天然棉麻等，亚麻和帆布的面料不适用于装修欧式风格家居。颜色和图案也应偏向于跟家具一样的华丽、沉稳，多选用金色或酒红色这两种沉稳的颜色的面料，显示出家居的豪华感。也可以运用卡其色、褐色等做搭配，再配上带有珠子的花边配搭以增强窗帘的华丽感。另外，一些装饰性很强的窗幔及精致的流苏会起画龙点睛的作用。

碎花图案窗帘给客厅增加欧式田园气质

带有帘头的窗帘与金色雕花家具相呼应

TIPS

别墅经常会有挑高的空间，这时最好选用电动窗帘。电动窗帘属于智能家居中的一种，窗帘的拉开和收起只需遥控器就可以了，操作简单又方便。如果想安装电动窗帘，只需做水电的时候在窗帘盒内排好电源就可以了。

挑高客厅宜安装电动窗帘

地砖拼花的设计要点

地面瓷砖按照一定的铺贴规律施工，从而产生图案感，可以很好地提升空间的档次。注意，地砖拼花的铺贴方式有几十种之多，实际设计施工时，应根据空间风格和家具摆设进行选择。在施工之前应把家具的尺寸和位置确定好，根据平面的家具布置来设计地面拼花。

壁炉是欧式风格客厅中的经典元素

电子壁炉

真火壁炉

壁炉是欧式风格客厅中经常出现的元素，一般都会以客厅靠墙设计，隐蔽的同时也不会占用太多空间，同时还有一定的安全性。壁炉根据燃料的不同分为真火壁炉、电子壁炉和燃气壁炉，真火壁炉只能装在部分有烟囱的别墅，大部分还是使用电子壁炉。

壁炉一般可以现场制作，也可以定做。最常用的是石膏和石材两种材质。一般情况下大理石的壁炉会显得更奢华一些，常用于欧式风格中。美式风格则会比较常用石膏壁炉。

壁炉在一个空间中的比例大小很重要。壁炉上是否要挂电视机会决定壁炉的大小。如要挂电视机，应先确定好电视机尺寸，避免做好后放不进电视机的情况。

通常壁炉的安装要根据客厅本身构造来定。对于现代的壁炉来讲，一般有两种类型：一类是钢结构的壁炉，一般是由工厂批量生产；另一类是砖石壁炉，由手工制作。钢铁壁炉目前较为普遍，其安装方便，安装者只要将这种壁炉直接排放到房间中预留好的位置就可以了，并且这种壁炉不会因为其外表过热而引起附近物体的燃烧。而砖石壁炉在外观上虽具有怀旧的风格，但建造过程相对复杂，所以现在使用得不是很多。

大理石壁炉

砖石壁炉

多层线条造型天花丰富空间层次

在空间层高足够的情况下，多层线条造型天花能够增加顶面设计细节，从而丰富空间的层次感。这种造型天花可以根据设计要求，变换多种方式，常见以矩形、圆形等规则几何图形和不规则的异形为主。在设计的时候要注意选用恰当的线型、尺寸和花型，避免后期施工时出现不好与其他界面收口等问题。

石膏线条 VS 木线条

石膏线条

石膏线的材质一般都是选用石膏和纤维或玻璃钢合成的，只是外观不同，如金色、蓝色、浅绿色、咖啡色等。石膏线一般长度是2.5米/根，宽度一般为8~15厘米。优质的石膏线洁白细腻，光亮度高，手感平滑，干燥结实，背面平整，用手指弹击有清脆的金属声。而劣质石膏线是用石膏粉加增白剂制成的，颜色发青，还有一些用含水量大并且没有完全干透的石膏制成的石膏线。这些石膏线的硬度、强度大打折扣，使用后会发生扭曲变形，甚至断裂。

木线条

在现代风格的装饰中，木线条很少被运用在吊顶中，而在欧式装修时，特别是一些装饰风格比较富丽堂皇的客厅，会在吊顶中加入一些线条用来增加装修的豪华感觉，相对来说木线条更适合用在造型复杂的吊顶中，因为和石膏线相比，木线条无论在尺寸、花色、种类还是后期上色上都相对具有一些优势。当然木线条的价格和石膏线条相比要贵不少，如果预算有限，可以不选择价格昂贵的实木线条，而选择科技木。

TIPS

木线条安装同时使用钉装与黏合方法。施工时应注意设计图样制作尺寸正确无误，弹线清晰，这样安装位置才能正确。木线条接合时要求接缝无错边，割角整齐，角度一致，每块都要找准后方可进行下一块的安装。

木线条喷金漆后装饰古典欧式风格客厅吊顶

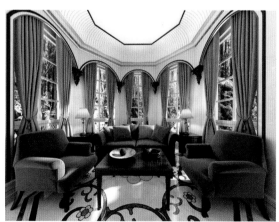

木线条刷白运用

运用雕花材质装饰法式客厅墙面

法式风格中经常会看到墙面或顶面上有很多雕花的装饰，这些雕花材质有很多种，石材、实木、密度板、PU 材质及石膏都可以做出来，在设计的时候可以根据预算的投入多少及使用的位置进行选择。PU 线条价格较高，但接缝处比较好处理；石膏线条价格比较便宜，但接缝处容易看出来。在价格能够接受的情况下，建议考虑使用 PU 线条。

护墙板增加欧式客厅的贵族气息

欧式护墙板往往伴随着雕花材质的出现

护墙板在欧式家居中的应用颇为广泛，材质分为很多种，可以用实木、高密度板和多层实木板等来制作。实木价格相对较高，但是稳定性和环保程度都比较好；有些公共空间的设计为了考虑成本可以采用高密度板来代替，但是密度板受潮比较容易变形，在应用的时候需要慎重考虑使用位置，并且结合预算来选择材料。

护墙板可以做到顶，也可以做成半高的形式。半高的高度会根据整个层高的比例来决定，一般为 1~1.2 米。护墙板的颜色可以根据家里大体的风格来定，以白色和褐色运用的居多。

一般都会选择去定做成品的免漆护墙板，这样会比较环保一些。在做护墙板之前，要在墙面上用木工板或九厘板做一个基层，这样能保证墙面的平整性，然后再把定制的护墙板安装上去。施工时也需要充分考虑护墙的造型尺寸，从而让空间联系更加紧密。

褐色护墙板

白色护墙板

石膏线条造型丰富墙面层次感

采用石膏线条来做墙面造型，这是一个既节约成本又出效果的做法。但需要注意的是类似这样的线条造型，如石膏线条、实木线条等都需要在水电施工前设计好精确尺寸，以免后期面板位置与线条发生冲突。

客厅茶几的合理尺寸

一般来说，沙发前的茶几通常高约 40 厘米，以桌面略高于沙发的坐垫高度为宜，但最好不要超过沙发扶手的高度，有特殊装饰要求或刻意追求视觉冲突的情况除外。茶几的长宽比要视沙发围合的区域或房间的长宽比而定。狭长的空间放置宽大的正方形茶几难免会有过于拥挤的感觉。大型茶几的平面尺寸较大，高度就应该适当降低，以增加视觉上的稳定感。

欧式客厅中金色的运用

金色是中国人钟爱的颜色，仿佛高贵典雅之气蕴藏其中，带给人积极的正能量和华丽的尊崇。欧式客厅中适当使用金色，可以彰显出奢华优雅的贵族风范。

一般来说，人到中年，对人生和财富的理解更加透彻，这个时候使用金色才有沉稳感，主人的经历、年龄也和金色相配，金色也可以更好地诠释"金秋、收获"的概念。但是如果房间太小，不推荐大面积使用金色。

金色本身有饱和度、亮度、明度的区别，这三项组合不同，金色的感觉就不一样，使用起来非常微妙，一般建议不要选择太过饱和、亮度太高的金色，否则效果适得其反。

在家具和其他装饰材料的搭配选择上，尽量不要使用太过通透、会反光发亮的材质。不管是木头还是布纹，可以很光滑，但是要注意亚光效果，否则整个家闪闪发亮，也会喧宾夺主。

金色的合理运用可以给空间增添华丽气质

家具上的亚光金色显现低调奢华

市面上很多品牌都有金箔墙纸，表面为金属材质，故此种墙纸除具备普通墙纸的特点外，还具备部分金属的特性，通常应用在欧式风格的家居中，营造金碧辉煌的尊贵气质。

TIPS

金箔非常薄，对基层的平整性要求极高，贴完后切勿用硬质刮板直接刮擦表面，因为其效果主要体现在表面的黄金的光泽，在用硬质刮板刮平墙纸的同时也会破坏表面的光泽，应用清洁的海绵或干净的湿毛巾裹住刮板轻轻地抹平，挤出气泡和多余的胶液。

金箔墙纸贴顶是欧式风格客厅中的常用手法

新颖别致的护墙板造型

护墙板也是欧美风格中常用的装饰材料，但是很多业主一听说护墙板就会觉得很压抑、厚重。其实可以把护墙板做一些变化，将内芯去掉，
只保留它的边框，中心部分贴墙纸。同样，实木护墙也可以结合乳胶漆、软包或者镜面等材质，可以根据喜好尽情发挥。

巧妙修饰客厅上方的横梁

房屋本身会有一些横梁，而且有时候一些梁的位置会比较尴尬，位于客厅的正上方。梁本身是用来承重的，根本不可能敲掉，如果直接就把整个顶面封平的话，就会显得空间过于压抑。所以可以根据实际情况进行设计。

可以在梁的周围再增加几根同样高度的假梁，按空间的大小做成井字形。这样既美观又能弱化横梁的存在。假梁一般会采用两种材质。一种是石膏板，用木龙骨定好梁的位置再贴石膏板，然后刷乳胶漆。采用石膏板假梁可以加一些成品的石膏线条来点缀。还有一种是饰面板假梁，用木龙骨定好梁的位置，再贴木工板和饰面板，然后刷木器漆或者木蜡油擦色。

顶面如果有比较大的横梁，建议以沙发为中心，向客厅、餐厅两侧做出层次性的升高设计。为了减少压迫感，可以选择低背沙发，开阔空间视野；如果客厅处的横梁刚好处于电视背景的前方，可以考虑设计层板，配以间接的灯光照明，以虚化压梁；同时在电视墙面顶部增加镜面装饰，既改善了采光，又可以化解横梁的压迫感。

井字形石膏造型弱化横梁

巧妙运用吊顶造型弱化横梁

木饰面板装饰假梁

欧式大户型客厅的家具布置与造型处理

空间较为宽敞的欧式客厅设计，首先需要考虑的是沙发体积及数量。如果客厅面积在 25 ~ 30 平方米左右，可以根据房型的要求选择 3+2+2 的沙发组合，靠近过道区域选择不带靠背的矮凳，保证通行顺畅。其次，宽敞的空间需要对吊顶及背景做一些凹凸有致、立体感强的设计，如电视墙铺贴石材、顶面采用石膏浮雕装饰等手法，把空间演绎得丰满而华丽。

法式客厅沙发墙上悬挂壁毯

壁毯又叫作挂毯，是一种挂在墙面上类似地毯的工艺饰品。壁毯的题材非常广泛，如山水、花卉、鸟兽、人物及建筑风光等。同时壁毯还可以表现出国画、油画、装饰画和摄影等艺术形式，所以具有非常独特的欣赏价值。在悬挂壁毯时要根据不同的空间进行色彩搭配。例如现代风格的空间，整体以白色为主，壁毯应选择以鲜亮、活泼的颜色为主。色彩浓重的壁毯比较适合大面积空置的墙面，可以很好地吸引人的视线，达到意想不到的装饰效果。

欧式风格的客厅悬挂油画

在欧式风格的客厅里，油画成了必不可少的装饰品。定制油画时要考虑各个方面的因素，比如欧式客厅悬挂定制油画的方位、适合挂油画的那个墙面的大小和光照强度和角度、客厅装修的主色调等。如果不是很大幅的油画，一般建议以油画的中心点为中心，挂在人眼平视点的高度。

过道

拱形门洞的处理手法

拱形门洞的设计手法多出现于欧美设计风格中。不同功能区域间的过渡地带，用拱形门洞作为彼此区域的联系，其造型手法多样，还能与多种材质搭配，可以达到非常丰富的视觉效果。

过道端景设计技巧

装饰柜上摆放花瓶

过道的尽头多以设置端景作为这个空间的结束，也作为进入下一个空间的提示，起到了承前启后的作用。端景墙适当装饰后可以用来改变过道的氛围，掩盖原有空间的不足。

最简便易行的走廊装修就是将墙面刷成与其他空间一样，悬挂一幅大小适宜的装饰画，前方摆设装饰几或装饰柜，上方摆设花瓶或工艺品。如果过道比较狭长，那么选择纯白色的墙面可显得空间开阔，做成方格状的造型让墙面不再呆板。除了装饰品，风景手绘或墙纸也是不错的选择，不占用地方，还别有一番风情。

花艺给过道增加自然气息

利用镜面反射衬托出过道美景

一幅简单的装饰画成为很好的端景

过道尽头的镜面造型与地面拼花相呼应

欧式风格过道地面拼花设计

如果想要打破过道的沉寂，体现出一种活泼的跳跃感，不妨运用地砖拼花与环境色彩强烈的对比，让别致的拼花图案成为视觉中心。需要注意的是，在做过道拼花的时候，中间取整，切割走边的时候也要凑尺寸，如果是15厘米宽的，就用600毫米×600毫米的砖进行切割，正好4条，不会造成浪费。

欧式错层过道的台阶处理

错层的房子会使房间看起来更加具有层次感，但是由于台阶数量少，在设计时要避免出现错觉（特别是对于老人和儿童来说更为重要）。可以使用不同的材质和颜色作为相邻地面的分界，不但可以醒目地区分，起到安全防护的作用，同时也能增加层次感，一举两得。

台阶的材质最好使用大理石，因为这种材料具有易加工和整体风格统一的特点，做出来的台阶不会形成铺贴缝隙，只需在踏步上直接做挂边处理即可。

楼梯过道设计重点

直线楼梯

弧形楼梯

大部分别墅在交付时楼梯都已经现浇好了，直接在上面铺设实木踏步就可以了。但是有些设计师会根据格局适当调整楼梯，那么重建楼梯可以有多种方式完成。

如果是直线楼梯，现浇比较容易；但如果是弧形楼梯，可以直接制作木楼梯或者是钢架楼梯，不需要现浇基础。

楼梯的宽度最小值至少保持700毫米，加上扶手的宽度，最少要保持780毫米的尺寸才足以保持行走的方便。楼梯踏步的级数最好是单数，踏步的宽度一般为240～280毫米。太窄了脚踏在踏步上没有安全感；太宽了爬楼梯的时候就比较费力。

楼梯转角处摆放绿植做点缀

精致雕花的实木扶手显得高贵大气

TIPS

采用玻璃楼梯扶手可以让空间显得更加开阔，材料上一般都采用钢化安全玻璃，或者采用双层夹胶玻璃，即使玻璃碎了也不会对人员造成伤害。玻璃的厚度一般在10~20毫米，太薄了不太安全，太厚了显得笨重。

过道的灯光照明设计

利用墙面壁龛的筒灯照明增加过道采光

过道一般都不会紧挨着窗户，要想利用自然光来提高光感比较困难，而合理的灯光设计不仅可以提供照明，还可以烘托出温馨的氛围。

过道的照明一般比较简单，只要亮度足够，能够保证采光即可。选择合适的灯光不但可以让家中的动线变得更加清楚，而且还能使空间过渡得更加自然顺畅。

过道灯饰的选择要求外观简洁明快、造型雅致小巧，避免使用过于繁复、艳丽的灯饰。建议在过道的中心点设置一个主灯，再配合相应的射灯、筒灯、壁灯等装饰性灯具，以达到良好的装饰效果。使用频繁的家庭过道，最好不要选择冷色调的光源，可以选用与其他空间色温相统一或接近的暖色调灯光进行照明。

水晶灯映射出金碧辉煌的欧式过道空间

过道墙面上的壁灯兼具装饰功能

卧室

欧式风格卧室设计要点

欧式风格讲究的是品位与身份，给人以奢华、大气的感觉。金色背景下的卧室与华丽的水晶吊灯相互映衬，再配以做工考究的床具及质地精湛的布艺，处处彰显不凡风度。同时，欧式装饰风格最适用于大面积卧室，若空间太小，不但无法展现其风格气势，反而对生活在其中的人造成压迫感。

卧室色彩设计重点

卧室尽量以暖色调和中色调为主，尽量少使用过冷或反差过大的色调。卧室顶部多用白色，显得明亮。卧室墙面的颜色选择要以主人的喜好和空间的大小为依据。大面积的卧室可选择多种颜色来诠释，通常是选用纯度相对高一些、明度也较高的色调，大多以暖色调为主，比如米黄、浅橙、粉紫等；小面积的卧室颜色最好以单色为主；对于光线好的卧室，墙面可以局部采用比较重、比较鲜艳颜色的乳胶漆进行点缀，再搭配上装饰画或者结婚照，不用花太多钱就能达到很好的效果，不过这种颜色不宜面积过大，切忌用大红等过于热情的颜色。

紫色系的搭配让温馨浪漫气息扑面而来

米色系是卧室中最常用的色彩之一

卧室的地面一般采用深色，不要和家具的色彩太接近，否则会影响立体感和明快的线条感。卧室家具的颜色要考虑与墙面、地面等的谐调性，浅色家具能扩大空间感，使房间明亮爽洁；中等深色家具可使房间显得活泼明快。

卧室色彩注意整体的谐调性

利用后期软装布艺搭配出一个浓墨重彩的卧室空间

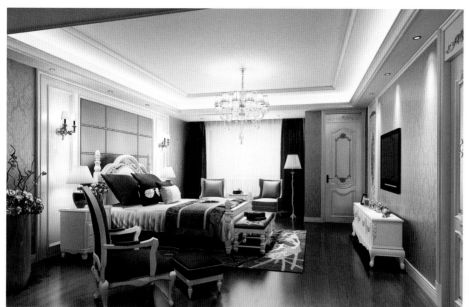

卧室加入起居功能

如果卧室的面积很大，里面可以加入更多的功能性家具，比如双人沙发、休闲椅、茶几等。目前不少业主有在房间里看电视、上网办公的习惯，而一般别墅的客厅都会布置在楼下，卧室在楼上，这样会给生活造成些许不便，如果把起居的一些功能加入卧室，既方便又气派。

卧室墙面铺贴墙纸

卧室铺贴墙纸不仅要注重环保性，也要注意整体搭配，床单、家具、窗帘等软装饰品都应该按照墙纸的色彩进行选择。

卧室可以选择墙纸装饰背景墙。不管是冷色还是暖色，大花朵还是小碎花，都可尽情选择。唯美的碎花墙纸经常被用于田园风格的卧室装饰，适合大面积铺贴，比如一面墙或者整个房间铺贴，再配上同色系的家具，能够让房间显得更加优雅。想要打造清新甜美的卧室，可以选用带小卡通图案的粉色系墙纸，无论是粉蓝还是粉红，这些漂亮的颜色都是甜美风格的首选。

打造甜美风格的粉色系墙纸　　　　　　　　　　打造欧式田园风格的碎花图案墙纸

如果卧室太大，感觉十分空旷，可以选择立体创意图案的墙纸，比如一些纯白、浅灰色的立体墙纸，或者挑选一些对比度较强的图案，这样可以让视觉产生强烈的空间感。如果卧室太小，经常会带来压抑的感觉，那么可以选择带几何图案的墙纸，墙纸上那些发散性的图案能够造成膨胀感，让人从视觉上感到空间仿佛被扩大了。在铺贴卧室墙纸的时候还要注意一下墙体的干湿度、酸碱度等，避免贴上去的墙纸在短时间内产生脱胶现象。

带有几何图案的墙纸适用于小房间　　　　　　　带有立体图案的灰色系墙纸适用于大房间

卧室中摆设沙发的技巧

卧室中的沙发供日常起居与会客之用，单人沙发一般都成对使用，中间放置一小茶几摆放烟具、茶杯。双人或三人沙发前要放一个长方形茶几。沙发应摆放在近窗或照明灯具下面的位置，这样可以从沙发的位置观看整个房间，但也要特别注意卧室布置的美观，尽可能不使家具的侧面或床沿对着沙发。

卧室床头墙装饰软包或硬包

硬包更有立体感

软包显得更柔软舒适

一般卧室的床头背景墙用软包装饰的较多，但有时也会用硬包。硬包是直接把基层的木工板或高密度纤维板做成所需的造型，然后把板材的边做成45°的斜边，再用布艺或皮革饰面。软包跟硬包的区别就是里面填充材料的厚度，一般软包填充物比较多，更柔软、更舒适一点。硬包则填充物较少，在墙面上的立体感会更强。硬包安装时要用枪钉打一下，防止时间长了发生掉落。

软包是卧室墙面常用的一种装饰材料，软包表层分为布艺和皮革两种材质，业主可以根据实际需求进行选择。软包的颜色和造型相当多变，可以是跳跃的亮色，也可以是中性沉稳色；可以是方块铺设，也可是菱形铺设。在设计的时候除了要考虑好软包本身的厚度和墙面打底的厚度外，还要考虑到相邻材质间的收口。施工时要先在墙面上用木工板或九厘板打好基础，等到硬装结束，墙纸贴好后再安装软包。如果在其中适当加入镜面的元素，可以打破大面软包墙的单调感，举一反三，也可以在软包墙中增加其他的元素，如木质、照片、石材等。

布艺软包墙面

皮质软包墙面

卧室床头插座位置的预留问题

卧室的床头两边通常都会预留插座，但是不同风格床的外观尺寸有所不同，比如美式的家具相对都比较高，因此插座的位置不能想当然地只让出常规床的尺寸。应尽量在布排水电的时候将床的款式看好，提供尺寸给设计师，这样插座的位置才能够恰到好处，在床头柜上面又不会被挡住。床头插座数量的安排应该考虑实际，考虑到电源线的长度及使用的方便，开关和插座的组合应该尽量设计成一组，以方便正常的使用而不会造成安全隐患。

两种欧式风格卧室常用的顶角线

石膏顶角线

石膏顶角线主要是适用于欧式风格卧室的顶面装修，不仅具有分割视线的作用，使用后房间的立体视觉效果更好，而且还对不成直角的墙顶面交接处起到掩饰作用。石膏顶角线常见的尺寸有6厘米、8厘米、10厘米等，购买的时候应注意与房间高度、墙面色彩、个人喜好等相匹配。安装时主要采用胶粘的方法，衔接处经石膏填补后看不出裂缝。但石膏顶角线的主要成分是石膏，有的石膏顶角线时间长了可能会有掉石膏丝的现象。

石膏顶角线适用于层高不高的简欧风格房间

石膏顶角线的应用使得房间显得更加简洁

实木顶角线

一般用于欧式古典风格的装修中，通常用硬木制成，断面外围尺寸一般为40毫米×40毫米或50毫米×50毫米两个平面，其他面做成曲线状，每段成品实木顶角线的长度为2米。实木顶角线多数是根据特定样式定做的。一般先由设计师画出实木顶角线的剖面图，拿到建材市场专卖木线的店面就可以定做，常用木材有黑胡桃木、樱桃木、榉木、泰柚木等。施工时注意一个房间内的实木顶角线必须成圈布置，其底边应呈水平，并高低一致。

实木顶角线适用于欧式古典风格的房间

拼花木地板装饰的卧室地面

拼花木地板的木块尺寸，一般长度为250～300毫米，宽度为40～60毫米，最宽可达90毫米，厚度为10～20毫米。有平头接缝地板和企口拼接地板两种。拼花木地板可拼造出多种图案花纹，常用的有正芦席纹、斜芦席纹、人字纹及清水砖墙纹等，另外，拼花木地板还可以采用清漆进行油漆，显露出木材漂亮的天然纹理。

卧室中如何摆放梳妆台

梳妆台是布置卧室时不可或缺的一样家具，也关系到业主生活上的梳妆打扮、日常护理。可以尝试把梳妆台与床头柜连成一体，镜面尽量不要照床头。也可以把梳妆台摆放在墙面的夹角处，使得空间资源利用最大化。

梳妆台总高度为750毫米左右，宽为400～550毫米，这样的梳妆台尺寸是大小正合适的，在家庭装修之前的前期准备时，就应该确定好梳妆台尺寸大小，同时梳妆台尺寸也要和房间的格调和风格统一起来。

若要在卧室中摆放梳妆台，不仅要考虑到足够的储物空间，因为女人的瓶瓶罐罐是很多的，同时也要预留插座，为使用吹风机提供可能性。需要注意的是，预留的插座尽量不要留在梳妆台下面，另外还要注意留在台面上不要被镜子挡住。

梳妆台与衣柜融为一体

梳妆台布置在床尾空间

梳妆台平行于床头

梳妆台布置在睡床一侧

大理石铺贴卧室飘窗台面

卧室的飘窗安装了大理石台面，可以防止日晒与冷凝水的侵蚀。飘窗材料一般选用天然大理石，花纹漂亮，但注意大理石是多孔性材料，容易有缝隙，容易开裂和污染，不好清理，可考虑选择较为硬质的花岗岩。

卧室安装电视机的要点

卧室安装的电视机宜大小适中，一般32英寸或者26英寸的电视机就差不多了。电视柜应根据电视机的大小来定，比电视机宽10厘米左右比较合适。高度相对来讲要比客厅的电视柜高一些，因为这需要与床的高度来对称。如果卧室没有足够的空间摆放电视柜，电视机和机顶盒等设备只能采用壁挂，要注意在插座排布的时候，最好将插座位置做到离地1.1米左右的高度，电视机采用活动支架安装，这样插座、电视线插口等可以完全隐藏在电视机的背面。

电视机摆放在电视柜上

电视机采用壁挂形式

如果与卧室相邻的房间也想要观看电视的话，可以在共有的墙体上做可以旋转的电视背景设计，一机两用，很好地体现了节能环保的特点。旋转的角度要根据情况而定，若电视背景的墙体为承重墙，建议不要做成旋转式。电源线路和网线、电视线都要从管内通过，只是在立管的合适部位开孔即可，开孔不宜太小，电源插头可穿过为宜，要注意开孔处需有防止长期摩擦电线的封边材料，以防长期旋转磨损电线。

可以旋转的电视背景

卧室床头安灯增加温馨氛围

卧室是人们休息、睡觉的地方，大部分人也常在卧室看书学习，把卧室作为书房。设计床头背景时增加一些灯光，可以创造静谧、柔和和安宁的氛围，但是灯具的造型应符合设计要求。由于床头柜本来很小，如果再放个台灯会占去很多空间，很多人习惯靠在床头看书，床头柜上肯定要放几本杂志，所以灯光可以考虑做在背景中，用光带、壁灯都可以。对面积于较小的卧室空间，通常可以根据风格的需要选择小吊灯代替床头柜上的台灯。

床头柜上摆放台灯提供照明

背景墙上的灯带照明增加气氛

床头壁灯如今普遍用来装饰卧室空间和代替卧室中央的顶灯，其光线柔和，多以暖色调为主，在很大程度上让空间显得更加温馨舒适。安装前首先确定壁灯距离地面高度和挑出墙面距离。如果床头壁灯安装位置过高，对于照明具有一定影响，光会变散，不利于聚光；安装位置太低的话会很容易撞到头部。在安装过程中还要考虑到床面高度，通常床头壁灯安装位置高度为距离地面 1.5 ~ 1.7 米，距墙面距离为 9.5 ~ 40 厘米。

床头墙上的壁灯还兼具装饰功能

定制家具和现场制作家具的区别

现场制作家具的优点首先是材料的质量和环保是可以直接看到的，还有就是柜体与顶面的结合处，比较容易合缝；其次是柜体的侧面用石膏板直接封面，可以避免柜体的材料和墙体交接时开裂。定制家具的优点是美观，并且厂家配套的五金配件会为衣柜加分。要注意的是，应该和木工做前期的辅助工作，以便于以后安装衣柜时的整套完善性。

儿童房家具布置重点

一般来说，儿童房家具有儿童床、儿童床头柜、儿童衣柜、转角书桌、转椅、儿童凳等，有些还会在儿童房中加入一些娱乐设施，增添活力。建议在7岁以下的儿童房间，家具应尽量靠墙摆放，给孩子留出更多的活动空间，这才是最符合他们年龄的实际生活需求。儿童床要柔软舒适，尽量选择一些没有或少有尖锐棱角的，以防儿童磕伤碰伤。儿童床可选择比较新奇好玩的卡通造型，能引起儿童的兴趣，令其喜欢睡觉。一些松木材质的高低床同时具备睡眠、玩耍、储藏的功能，适合孩子各阶段成长的需要，是一个不错的选择。

此外，如果儿童房空间比较大，可以布置一些造型可爱、颜色鲜艳、材质环保的小桌子、小凳子。儿童平时在房间中画画、拼图、捏橡皮泥，或者邀请其他小朋友来玩时，就可以用到它们了。

儿童房靠墙摆放腾出活动空间

儿童房避免摆放有棱角的家具

TIPS

如果要满足老人照顾小孩的生活需求，儿童房采用高低床也是较好的选择。一方面满足小朋友活泼好动的性格，有个梯子可以上下攀爬；另一方面也能方便老人居住。但要注意的是，一方面松木床具不可避免地存在着氧化的问题，颜色会逐渐变深，所以要尽量避免阳光的直射，以减缓木色变深的速度；另一方面要考虑到吊顶的高度及主灯的位置，因为上铺与顶都的距离不是很大，再加上灯具的话会影响后期的使用。

松木材质的高低床

高低床兼具储物功能

透明玻璃隔断分隔卧室
与卫生间

卧室与卫生间之间采用透明玻璃隔断，以扩大两个区域的空间感，同时也增加了生活的趣味性。隔断所用的最好为10毫米厚的钢化玻璃，保证后期的安全性。另外也需增加窗帘的遮挡，这样才能满足不同的需求。

卧室安装床幔增加情调

床幔在欧美风格家居中非常多见。由于公寓房的卧室面积都不是很大，床幔会在视觉上占用一定空间，使得空间变小，所以在面料和花色的选择上，最好要与卧室中的窗帘、床品或者其他家具的色调保持统一。垂帘式床幔类似于单层对开式窗帘，将床幔直接吊挂在床柱结构的横杆或墙壁上，以打结或吊挂的方式悬挂，这种方式常见于许多欧式风格的卧室中。

双层式床幔通过立柱悬挂或加篷顶的方式，将床头与横梁共同组合起来组成床幔，成为儿童房的最佳选择。但注意双层式床幔通常适合层高较高的房间。

双层式床幔

垂帘式床幔

田园风格家居中，设计成有高高"幔头"的床幔，可以轻松营造公主房的感觉。这类床幔大都是贴着床头，将床幔杆做成半弧形，为了与此协调，床幔的帘头也都做成弧形，而且大都伴有荷叶边装饰。

东南亚风格的卧室中很多都是四柱床，这种类型的床做窗幔，一般可选择穿杆式或者吊带式；吊带式床幔纯真浪漫；穿杆式床幔相对华丽大气。为营造出东南亚风格的原始、热烈感，这种风格的床幔一般都选择亚麻材质或者纱质，色调上大多选择单色，如玫红色、亚麻色、灰绿色等。

欧式风格的床幔可以营造出一种宫廷般的华丽视觉感，造型和工艺并不复杂，最好选择有质感的植绒面料或者欧式提花面料。同样，为了营造古典浪漫的视觉感，这类风格床幔的帘头上大都会有流苏或者亚克力吊坠，又或者用金线滚边来做装饰。若不想过于烦琐，也可以省略。

东南亚风格床幔

欧式风格床幔

田园风格床幔

卧室背景墙铺贴木饰面板

木饰面板拥有自然的纹理和淡雅的色彩。施工时，基层要用木工板或者九厘板做平整，表面的处理尽量精细，不要有明显钉眼。木饰面板上墙的时候要考虑纹理方向一致，最好是竖向铺贴，这样可以让整个块面看起来纵深感十足，而且刷油漆上去才不会出现很大的色差。如果是清漆罩面，清漆上也可以通过加调色剂来改变颜色。

卧室床品的选择技巧

床品除了具有营造各种装饰风格的作用之外，还具有适应季节变化、调节心情的作用。比如，夏天选择清新淡雅的冷色调床品，可以达到心理降温的作用；冬天可以采用热情张扬的暖色调床品达到视觉的温暖感；春秋则可以用色彩丰富一些的床品营造浪漫气息。

为了营造安静美好的睡眠环境，卧室墙面和家具色彩都会设计得较柔和，因此床品选择与之相同或者相近的色调绝对是一种正确的方法。同时，统一的色调也让睡眠氛围更柔和。

一般来说，花卉、圆点等图案的床品适合搭配田园格调；粉色主题的床品会使法式风格的卧室更加浪漫；抽象图案则更适宜简洁的现代风格。

此外，也可以选择与窗帘、抱枕等软饰相一致的面料作床品，形成和谐整体的空间氛围。注意，这种搭配更适用于墙面、家具为纯色的卧室，否则太过缭乱。

与窗帘颜色接近的床品

与墙面颜色接近的床品

四柱床的应用

四柱床的体积比一般床铺要大，加上摆设的位置多居于卧室中央，所以要有足够的空间才能衬托出四柱床的气势。若是卧室面积小于 20 平方米，或楼板高度不够的话，最好还是不要使用四柱床，以免造成空间的压迫感。而且四柱床对装修风格也有要求，一般要是古典实木家具才较为搭配。

卧室地毯布置技巧

地毯是家居装饰必不可少的元素，无论是色泽谐调柔和的小花图案，还是色彩对比强烈一些的地毯，都可以凸显空间温馨与层次感。

在挑选卧室地毯时，应该尽量选择一些天然材质的，像纯棉、麻、纯羊毛等。虽然天然材质的地毯在耐磨度方面不如化纤地毯，但卧室毕竟不同于客厅、玄关等使用率十分频繁的地方，因此对耐磨的要求不是很高。另外，天然材质的卧室地毯脚感和舒适度方面胜于化纤材质的地毯，即使在干燥的季节，也不会产生静电，更能体现高品质的生活。

在床尾铺设地毯，是很多样板房中最常见的搭配。对于一般家庭，如果整个卧室的空间不大，可以在床的一侧放置一块 1.8 米 ×1.2 米的地毯。

羊毛地毯

纯棉地毯

卧室满铺地毯增加温馨气息

卧室床前铺设地毯

卧室安装壁灯增添气氛

卧室里使用壁灯是最为常见的，很多卧室甚至都不考虑用顶灯，而是主要采用壁灯、床头灯、射灯、筒灯、隐藏灯带等不同的灯饰组合来调节室内的光线。壁灯的风格应该考虑和床品或者窗帘有一定呼应，才能达到比较好的装饰效果。需要注意的是，人的眼睛对亮度有一个适应的过程，因而卧室里的灯尤其需要注意光线由弱到强的调节过程。

此外，卧室的壁灯最好不要安装在床头的正上方，这样既不利于营造气氛，也不利于安睡。安装的位置最好是在床头柜的正上方，并且建议采用单头的分体式壁灯。

卧室窗帘的搭配技巧

主卧窗帘宜凸显温馨氛围

儿童房窗帘色彩宜活泼

卧室是私密要求较高的区域，适合选用较厚质的布料，窗帘的质地以植绒、棉、麻为佳。一般来说，越厚的窗帘吸声效果越好。如果想打造一个舒适的睡眠环境，最好为卧室选择具有遮光效果的窗帘，可选用人造纤维或混纺纤维。此外，还有绸缎、植绒等质感细腻的面料，遮光和隔声的效果也都比较好。

作为装修风格的组成部分，卧室窗帘颜色的选择也是相当重要的。选择卧室的窗帘时要与墙面、地面及床品的色调相匹配，以便形成统一和谐的环境美。墙面选用白色或淡象牙色，家具选用黄色或灰色，窗帘宜选用橙色；墙面选用浅蓝色，家具选用浅黄色，窗帘宜选用白底蓝花色；墙面选用黄色或淡黄色，家具选用紫色、黑色或棕色，窗帘宜选用黄色或金黄色；墙面选用淡湖绿色，家具选用黄色、绿色或咖啡色，窗帘选用中绿色或草绿色为佳。

法式风格卧室窗帘布置

简欧风格卧室窗帘布置

TIPS

目前很多的高层窗户设计都是内开窗，开发商考虑的更多是安全性。对于这类内开窗，设计师在设计窗帘盒时，就要考虑完成后的窗帘盒的厚度对开窗是否有影响。如果选择用曼帘，那么在做吊顶的时候需要沿窗帘轨道边多加一层木工板，这样装窗帘轨道的时候方便轨道的固定，如果直接在原顶上安装会导致水泥层脱壳，造成安全隐患。

利用床品改变卧室气氛

卧室的床品选择影响到卧室的气氛改变，通常墙面的色调比较清淡时，床品的选择余地比较大；如果墙面的色调很深，那么床品颜色不能太花，否则会产生压抑感，不利于睡眠。

欧式风格卧室中床尾凳的应用

床尾凳并非是整个卧室中不可缺少的家具，但具有较强装饰性和少量的实用性，对于经济比较宽裕的家庭建议选用，可以从细节上提升卧房品质。床尾凳最初源自于西方，是贵族起床后，坐着换鞋的。随着流传，床尾凳除了可以防止被子滑落，放一些衣服之外，还有一个重要作用，如果有朋友来，房间里没有桌椅，坐在床上觉得不合适，就可以坐在床尾凳上聊天。

卧室如何选择衣帽架

衣帽架要与卧室整体相协调，最好是与衣柜等相搭配，以免显得突兀。衣帽架的材质主要有木质和金属两种，木质衣帽架平衡支撑力较好，较为常用，风格古朴，适合新古典风格、中式风格等带点古韵味的家居风格。选购时要根据要挂的衣服的数量和长度来决定衣帽架的尺寸，比如挂大衣可选择长一点的衣帽架，只挂上衣选择较短的衣帽架即可。

书房

居中放置的书桌应确定地插位置

有些书房的书桌是不靠墙的，设计在整个空间的中央，那么预留的插座就需要做成地插。地插的位置确定很重要，建议尽量安装在桌子不靠近椅子的一边，否则在使用的时候，使用者会经常踢到插座。

书房灯光设计要点

书柜中设置灯带方便找寻书籍

书房是工作和学习的重要场所，因此，在灯光设计上必须保证有足够合理的阅读照明。如果书房使用频率比较高的话，建议最好以漫射光源为主，如T5灯管，或者以节能灯为主。如果采用光线感比较强烈的射灯，看书或者玩电脑时间长了以后会造成对眼睛的伤害。

如果是与客房或休闲区共用的书房，可以选择半封闭、不透明的金属工作灯，将灯光集中投到桌面上，既满足书写的需要，又不影响室内其他活动；若是在坐椅、沙发上阅读时，最好采用可调节方向和高度的落地灯。

书房内一定要设有台灯和书柜用射灯，便于主人阅读和查找书籍。台灯宜用白炽灯为好，功率最好在60 W左右，台灯的光线应均匀地照射在读书写字的区域，不宜离人太近，以免强光刺眼，长臂台灯特别适合书房照明。

台灯是书房必不可少的照明灯具

在书柜上安装烛台灯兼具装饰功能

敞开式布置的书房空间

敞开式书房具有拓宽空间的效果，一般这类书房的设计都会比较休闲，如果主人需要办公性质的书房就不太适合。此外还要考虑空调的功率，要把书房能耗也算在里面。

书房装饰画搭配技巧

每个家居功能空间布置装饰画的方式各不相同，需要掌握一定的技巧。书房要营造轻松工作、愉快阅读的氛围，选用的装饰画应以清雅宁静为主，不宜选择一些画面颜色过于艳丽跳跃的装饰画，以免分散精力，不利于学习看书。

骏马图案装饰画给书房带来美好寓意

书房中布置欧式田园风景的大幅油画

欧式风格的书房可以选择一些风景或几何图形的内容。书房里的装饰画数量一般在2~3幅，尺寸不要太大，悬挂的位置在书桌上方和书柜旁边空墙面上。

挂画时要考虑正常成年人的视线角度，也要考虑对应关系，有的地方挂琐碎一点的相片，有的墙面可以挂整幅的画，有大有小、有整有零的搭配才更加美观。小件的装饰画可以色彩鲜明一点，大件的装饰画可以和整体色调相统一。

大小不一的多幅挂画布置

书房挂画注意左右的对称关系

地面不同材质划分功能空间

设计上通过地面不同材质的交叉铺设，不仅能够很好地将不同功能空间进行划分，同时又增加了地面的丰富性，增强了美观度。在进行具体施工时，特别要根据相邻材料的物理和化学特性，选择恰当的收口方式。既要保证收口时美观与完整，又要体现出两种材料的对比美感。

餐厅

餐厅搭配餐椅的技巧

就餐椅而言，着重考虑的应是大方的造型和舒适度，舒适度由高度、材质面料及椅背和椅座的面积、柔软程度等方面决定。餐椅尽量避免金属和皮革质地，金属的冷峻会降低用餐时的温馨氛围，皮革属于贵重材质，用餐时难免会遇到泼溅的汤汁及各种各样油污，皮革不易清洗。因此，木质餐椅是最稳妥的选择，可以用布艺装饰体现温暖的餐厅感觉。

欧式风格餐厅设计

在众多装修风格中，欧式风格是现代装修中常用的风格，尤其在餐厅这种注重气氛的场合，欧式风格灵活多变，或浪漫，或时尚，或趣味，或古典，能根据餐厅风格契合各种主题。欧式风格餐厅的设计重点在于餐具陈列、家具搭配及色彩的点缀运用。

欧式的餐桌多以实木为首选，圆形或长方形大餐桌是欧式餐厅不可少的核心，典雅尊贵，配以洁白的桌布、华贵的线脚、精致的餐具，加上柔和的光线、安宁的氛围等共同组成了欧式餐厅的特色。

椅子的软包可以尝试各种面料与花色，增加不同雅致韵味。餐桌正上方选用悬挂式灯具，因为吊灯对营造宴会的热烈气氛、美化用餐环境等起到非常重要的作用。饰品上可以选择一个石膏小天使、一个罗马式花瓶或者一个金属烛台。

烛台是装饰欧式餐厅不可或缺的元素

曲线优美的欧式新古典餐桌椅

烛台式吊灯增加雅致韵味

吊灯的应用会使空间比重更协调

挑高空间做成欧式奢华的风格，不必担心吊灯大，因为如果不用大吊灯，整个空间的比重会不协调。吊灯的灯体高度以总层高的 1/3 左右为宜，但具体还要根据空间宽度及吊灯款式来确定。

欧式餐厅运用壁灯增添气氛

餐厅如果足够宽敞，那么选择吊灯作为主光源，再配合壁灯作辅助光是最理想的布光方式。餐厅灯饰在满足照明的前提下，更注重的是营造一种就餐的情调，烘托温馨、浪漫的居家氛围，因此，应当尽量选择暖色调、可调节亮度的灯源。

壁灯是安装在室内墙壁上的辅助照明灯饰，常用的有双头玉兰壁灯、双头橄榄壁灯、双头鼓形壁灯、双头花边杯壁灯、玉柱壁灯、镜前壁灯等。选择壁灯主要看结构、造型，一般机械成型的较便宜，手工的较贵。铁艺锻打壁灯、全铜壁灯、羊皮壁灯等都属于中高档壁灯，其中铁艺锻打壁灯最受欢迎。

餐厅壁灯一般均为对称安装

铁艺壁灯是最常见的选择

TIPS

比较小的空间里，布置灯饰的原则以简洁为主，最好不用壁灯，否则运用不当会显得杂乱无章。如果家居空间足够大，壁灯就有了较强的发挥余地，最好是和射灯、筒灯、吊灯等同时运用，相互补充。

购买餐厅家具要与空间比例相协调

购买餐厅家具的时候要根据自家的实际情况，留下餐厅人员走动的动线空间，一般动线的距离控制在 70 厘米左右比较舒适，当然也要根据具体情况来定。如果餐厅空间比较大，餐桌也最好大一点。餐桌与餐厅的空间比例一定要适中，餐桌太大会显得餐厅空间拥挤，餐桌太小也会显得小气。

餐边柜的购买与布置

壁龛造型的欧式餐边柜

在买餐边柜时应重视其本身的实用功能，要满足放置一般的酒具、茶具及少量的杯盘等，同时也需要有展示的位置，因为一些酒具和酒瓶本身就是精美的艺术品。由于存放的是易碎品，所以餐边柜的牢固性非常重要。同时，五金件的选配也很重要，抽屉推拉顺手、柜门开关顺畅、餐具取放方便，都是购买时需要认真考虑的因素。由于餐边柜大小往往受制于所处的位置，所以买餐边柜之前首先要了解餐边柜的摆放位置和大小。如果餐桌边的位置宽大，则可以买大一些，也可以买几个小的餐边柜组合放在一起。如果位置小，就只能买小一些的，特别是柜深不能太大，否则就太占空间，显得拥挤。

餐边柜的风格要与整体风格相协调。欧式餐边柜造型美观漂亮，线条优美，细处的雕花、把手的镀金都是体现工艺的亮点；中式餐边柜的柜体以全实木为主，橡木、樱桃木、桃花芯木、檀木、花梨木等都是不错的材种，色彩上也以原木色为主，体现木材自然的纹理和质感；现代风格的餐边柜也可以选择一些冷色调，以大面积的纯色为主，增加一些金属材质、烤漆门板、新材料的运用。或者选择跳跃的色彩与周围形成反差，以突出餐边柜，成为整个餐厅的亮点所在。

镜面材质的餐边柜提亮整个餐厅空间

对称摆设的餐边柜

TIPS

现在很多房子总是把餐厅与客厅放在同一空间里。所以有时会在中间增加一个隔断作为空间的界定。这时餐边柜就成了隔断最好的形式。作为隔断的餐边柜，往往采用许多空格的设计，这样可以很好地缓解柜子的拥堵感，无论是放置装饰品还是放置一些餐具，预留的空间会带来许多通透性。

餐厅背景墙上的照片墙设计

大小不一的装饰画组成一面照片墙，让墙面不再显得单调。虽然看似随意，但也需要提前做好排版设计，这样在颜色的搭配和整体的连贯上不会感觉凌乱。当然也不宜摆放得太过规整，否则会显得传统保守。

欧式风格餐厅墙面采用镜面装饰

餐厅顶面安装镜面

镜面比较适合新古典、欧式及现代风格家居的装修，镜面的颜色和造型多种多样，是一种不错的装饰材料。

顶面装饰镜子

家居装修时，镜面玻璃的运用需谨慎，如果镜面玻璃的运用偏多，容易使人眩晕。同时，如果把镜面玻璃做吊顶材质使用，一定要考虑安装的牢固性。建议顶部用木工板打底，再采用专用玻璃胶固定玻璃，同时玻璃的尺寸不宜过大。特别需要注意的是，千万不能直接用玻璃胶把玻璃往顶面粘贴，这样玻璃很容易掉落下来。

墙面装饰镜子

很多餐厅都会处在一个两面碰壁的尴尬空间，如果全部做造型处理会使房间看上去更加膨胀、压抑，所以这种情况最好只做一面墙的装饰，如果这面墙利用镜面做装饰会增强空间感，具有很强的视觉延伸效果。但需要注意的是，如果餐厅面积在 8 ~ 12 平方米，镜面尽量不要做成很多造型，否则会显得空间比较凌乱，如果餐厅空间相对较大的话，可适当地用些雕花镜面来衬托。

利用镜面扩大狭长形的餐厅空间

镜面造型具有很强的装饰感

餐厅选择餐具的技巧

欧式古典风格餐具

镶边餐具

餐具是餐厅中最重要的软装部分，一套造型美观且工艺考究的餐具可以调节人们进餐时的心情，增加食欲。欧式古典风格餐厅可以选择带有一些花卉、图腾等图案的餐具，搭配纯色桌布最佳，优雅而致远，层次感分明。镶边餐具在生活中比较常见，其简约而不单调，高贵却又不夸张的特点，成为欧式风格与现代简约风格餐厅的首选餐具。

水晶烛台成为餐桌装饰的一部分

利用餐具起到点睛作用

餐厅墙面挂电视机兼具实用性与装饰性

餐厅如果有相对比较空余的墙面，建议悬挂电视机，既实用也起到装饰作用。餐厅墙面挂电视机的高度要比客厅挂电视机的位置稍高一点，一般选择电视机的中心点距离地面 1350 毫米左右，因为要考虑到电视机前面的位置可能会坐人，影响观看视线。

利用桌布调节进餐的气氛

黑白色桌旗

深色桌布适合搭配浅色餐具与餐桌

给家中的餐桌铺上桌布或者桌旗，不仅可以美化餐厅，还可以调节进餐时的气氛。在选择餐桌布艺时需要与餐具、餐桌椅的色调甚至家中的整体装饰相协调。

色彩搭配

如果使用深色的桌布，那么最好使用浅色的餐具，餐桌上一片暗色很影响食欲。深色的桌布其实很能体现出餐具的质感。纯度和饱和度都很高的桌布非常吸引眼球，但有时候也会给人压抑的感觉，所以千万不要只使用于餐桌上，一定要在其他位置使用同色系的饰品进行呼应、烘托。

欧式新古典风格桌旗

简约风格桌布

TIPS

注意，在选择有花纹图案的桌布时，切忌只图一时喜欢而选择过于花哨的样式。这样的桌布虽然有第一眼的美感，但时间一长就有可能出现审美疲劳。

餐厅地面采用瓷砖拼花增加艺术氛围

目前市场上的瓷砖艺术拼花主要根据加工图案工艺的难度来划分档次收费，工艺难度越高，价格越贵。此外，尺寸的大小和材质的不同也影响价格的高低，面积大的艺术拼花价格要比面积小的贵，而大理石材质的艺术拼花因为材料的价格偏高，所以造价一般为同样尺寸、图案的瓷砖材质艺术拼花的 1.5 倍。 在制作时间上，简单的图案 5 ~ 7 天就能完成，复杂的图案则需要半个月左右。

餐厅墙上的挂盘增加装饰性

挂盘装饰墙面富有层次感

利用精致的挂盘装饰而成的墙面富有层次感，各种颜色、图案和大小的盘子能够组合出不同的效果，或高贵典雅，或俏皮可爱。

挂盘需要配合整体的家居风格，这样才能发挥锦上添花的作用。中式风格可以搭配青花瓷盘；美式风格可搭配花鸟图案的瓷盘进行点缀；田园风格还可以搭配一些造型瓷盘，比如蝴蝶、鸟类等；而一个明亮的北欧风格空间，白底蓝色图案的盘子显得既清爽又灵动。

无论什么材质，挂盘的图案一定要选择统一的主题，最好是成套系使用。装点墙面的盘子，一般不会单只出现，普通的规格起码要三只以上，多只盘子作为一个整体出现，这样才有画面感，但要避免不能杂乱无章。主题统一且图案突出的多只盘子巧妙地组合在一起，才能起到替代装饰画的效果。

TIPS

挂盘固定于墙面的方式是多种多样的，常见的有放置于铁或者木材质的盘子架上；还有一种特别的挂钩可以帮助盘子直接悬挂起来，挂钩固定住盘子的底部，悬挂到墙面上，从正面完全看不到痕迹。

在镜面上装饰挂盘

多只挂盘巧妙组合

仿石材砖的餐厅墙面尽显欧式奢华

各种花纹的大理石在装修中应用广泛，装饰性很好，但是成本比较高，施工有难度。基于以上两点很多人放弃了用石材做整面墙的装饰。不过现在在市面上出现了很多品牌的仿石材砖，这种砖的花纹质感很接近天然石材，而且有些厂家应用先进工艺，能使每片砖的花纹都不一样，效果显得更加自然，而且相比天然石材价格更加实惠，更容易施工。

悬挂式吊灯作为餐厅照明

普通公寓的餐厅一般不建议用水晶灯来作为主照明，因为水晶灯比较刺眼，而且不少款式的水晶灯采用低电压的灯珠，易爆。餐厅一般建议使用悬挂式吊灯，让餐厅吊灯的光线聚集在餐桌的主照明区域，会使餐桌上的食物看起来更新鲜，让人更有食欲。

卫浴

欧式卫浴间设计双台盆

欧式卫浴间双台盆的设计不仅实用，而且给人以大气的感觉。一般卫生间台盆柜的长度在150厘米以上的话，就可以考虑放置双台盆，宽度控制在60厘米左右比较合适。如果是台上盆，柜面距离地面的高度应控制在70厘米左右，过高会影响使用。

卫浴间安装浴缸的两种方式

一般浴缸的放置方式有两种，就是独立式与嵌入式。

独立式的浴缸底部一般都有支撑脚，所以可以直接把浴缸放置在浴室的地面上，在一些别墅大宅中被广泛使用。但要注意，在水电施工阶段就要确定好浴缸的尺寸及下水定位，其中包括立式水龙头的尺寸、高度等，这样才能保障今后的正常使用。

嵌入式浴缸分完全嵌入地下及砌台两种形式。完全嵌入地下的大浴缸，就像小小的游泳池，更自然、开阔、舒服，能带来奢华的沐浴体验；而砌台方式需要对饰面多花些心思，瓷砖、马赛克、人造石、大理石都能打造非常不错的装饰风格，此外，还要注意与整个卫浴间环境的协调搭配。

独立式浴缸

嵌入式浴缸

TIPS

有些内嵌式浴缸的缸体比较深，后期使用时进出不是很方便，可以加一级台阶，这样既方便进出，也能让卫生间的空间更具层次感。另外，浴缸可以尽量留一个检修口，后期方便维修管道。

卫浴间采用石膏板装饰

卫浴间采用石膏板吊顶的话，可以配合装饰风格做一些造型，使空间更加美观大气。但是卫浴空间中的水汽含量要远大于其他功能空间，因此要注意石膏板、腻子和乳胶漆都需选择防水系列的，以避免后期出现的天花开裂、起鼓等后遗症。

卫生间照明设计

卫浴间的灯具一定要有可靠的防水性和安全性。外观造型和颜色可根据主人的兴趣及爱好进行选择，但要与整体布局相协调。

不管卫浴空间大小与否，都可以选择安装简单的壁灯，能带来足够的光源。也可在面盆、坐便器、浴缸、花洒的顶位各安装一个筒灯，使每一处关键部位都能有明亮的灯光。除此之外，就不需要安装专门的吸顶灯了，否则会让人有眼花缭乱的感觉。

如果卫浴空间比较狭小，可以将灯具安装在吊顶中间，这样光线四射，从视觉上给人以扩大之感。考虑到狭小卫浴间的干湿分区效果不理想，所以不建议使用射灯做背景式照明。因为射灯虽然漂亮，但是防水效果普遍较差，一般用不了多久就会失效。

TIPS

镜前灯已经不再像以前一样必须安装在镜子的上面，现在比较流行的是在台盆柜上方的吊顶安装筒灯，或者在镜面的两侧安装壁灯，但是这种做法需要特别注意的是光源尽量保持平衡，避免人的两边脸颊光线不匀。

卫浴间灯具安装在吊顶中间

利用壁灯提供照明

卫浴间选择地砖颜色

卫浴间的地砖选择非常值得注意，一般情况下，选择的颜色越纯，越会给以后的使用造成不小的麻烦，例如纯白、纯黑、纯红、纯黄等都会特别显脏。因为卫浴间是日常洗漱区，常会有很多毛发等脏物，建议卫浴间最好还是选择混色系列地砖。